Martha Elena Aguilera Morales
César Mateo Flores Ortíz
Cynthia M. Antonio C.

# Alimentos funcionales aliados en la nutrición acuícola

Martha Elena Aguilera Morales
César Mateo Flores Ortíz
Cynthia M. Antonio C.

# Alimentos funcionales aliados en la nutrición acuícola

Editorial Académica Española

**Imprint**
Any brand names and product names mentioned in this book are subject to trademark, brand or patent protection and are trademarks or registered trademarks of their respective holders. The use of brand names, product names, common names, trade names, product descriptions etc. even without a particular marking in this work is in no way to be construed to mean that such names may be regarded as unrestricted in respect of trademark and brand protection legislation and could thus be used by anyone.

Cover image: www.ingimage.com

Publisher:
Editorial Académica Española
is a trademark of
International Book Market Service Ltd., member of OmniScriptum Publishing Group
17 Meldrum Street, Beau Bassin 71504, Mauritius

Printed at: see last page
**ISBN: 978-620-2-11517-9**

**COMPUESTOS FUNCIONALES CON POTENCIAL PARA LA PRODUCCION DE TILAPIA (*Oreochromis niloticus*)**

[1*]Martha Elena Aguilera Morales; [2]César Mateo Flores Ortíz; [3]Cynthia Magaly Antonio Cisneros

1 y 2.Universidad Autónoma de México, Facultad de Estudios Superiores Iztacala. Laboratorio de Biogeoquimica. Av. de los Barrios No.1. Los Reyes Iztacala, Tlalnepantla Estado de México. C.P. 54090. Tel. y Fax (52) 55 5623 1197. *Correo e: aguilena02@hotmail.com

3. Universidad del Paploapan. Av. Ferrocarril s/n y s/colonia. Loma Bonita. Oaxaca. C.P.68400 Tel. 281 (87) 29230

Palabras claves: compuestos funcionales, alimentos funcionales, nutrición acuícola.

# INTRODUCCIÓN

La tilapia es un pez altamente demandado a nivel nacional y mundial debido a sus características nutricionales; es fuente de proteína, ácidos grasos esenciales omegas 3 y 6, importantes en la prevención del colesterol, enfermedades coronarias, desarrollo del cerebro y la agudeza visual, además de contener vitaminas y minerales que favorecen el buen funcionamiento, crecimiento y desarrollo de los humanos (Vinchira y Muñoz, 2010; Hernández-Sánchez y Aguilera-Morales, 2012; Restrepo *et al.*, 2012). Debido a sus propiedades nutricionales y rápido crecimiento la tilapia es considerada un producto de seguridad alimenticia por la ONU (Tacón *et al.*, 2006; Novoa y Hurtado, 2012; Salas *et al.*, 2014).

Según cifras de la FAO y la ONU para el 2050, la población mundial alcanzará los 9,1 mil millones de personas, por lo que aumentará la demanda por alimentos. La tilapia representa un producto con amplias expectativas para satisfacer parte de la demanda alimenticia mundial debido a su rápido crecimiento y las propiedades nutritivas además de ser una alternativa productiva a la ganadería y agricultura. Sin embargo, antes deben abatirse algunos problemas actuales que impactan enormemente su producción como son las enfermedades debidas a distintos factores estresantes (físicos, químicos, biológicos y de manejo) y reducir los altos costos de producción por alimento. La alternativa en la producción de tilapia es el desarrollo de alimentos funcionales que satisfagan los requerimientos nutricionales además de prevenir y atenuar las enfermedades.

En los últimos años, se han explorado distintos alimentos que cumplen una función adicional a la nutrición, en el bienestar y la salud y que contienen vitaminas, minerales, aminoácidos, fibras y otros componentes que se consumen en forma complementaria a la alimentación y que son llamados alimentos funcionales o nutracéuticos (aunque hay cierta controversia en el uso de estas palabras). El término "alimento funcional" se refiere a proveer un beneficio fisiológico adicional más allá de los requerimientos nutricionales básicos (Chasquibol *et al*, 2003). En algunas especies acuáticas como trucha arcoiris y salmónidos, está demostrando que los alimentos funcionales favorecen el crecimiento, desarrollo y la prevención de enfermedades (Heikkinen *et al*., 2006; Dimitroglou *et al*, 2011; Govind *et al*., 2012).

No hay que perder de vista que los componentes de un alimento funcional deben ir asociados a la especie de cultivo, los fenotipos, ambientes y sistemas de cultivo, sin dejar a un lado la relación entre el metabolismo de la especie y la dieta; factores importantes a considerar en la elección de los ingredientes y elaboración de dietas balanceadas para obtener los efectos óptimos deseables (Moyano, 2006; Briones-Escobar-*et al.*, 2006; Klahan *et al.*, 2009).

Los trabajos referentes a alimentos funcionales son escasos en el área acuícola y en especial para la tilapia; este trabajo pone de manifiesto las fuentes, beneficios y mecanismos de acción de compuestos bioactivos estudiados que pueden utilizarse como ingredientes funcionales, aliados en la alimentación para la producción de tilapia u otras especies acuáticas o animales; el trabajo, es producto de una amplia revisión y analisis de la información científica disponible.

## ALIMENTO FUNCIONAL Y CIENCIA QUE LO ESTUDIA

Illanes (2015) explica que el término alimento funcional fue acuñado en Japón en los 80´s y 90´s; el Ministerio de Salud, Trabajo y Bienestar de dicho país se refería a un conjunto de normas para denominar una categoría especial de alimentos promotores de la salud, denominados FOSHU (alimentos para usos específicos en salud). En los Estados Unidos los alimentos funcionales aparecieron una década después, con la particularidad de que un alimento funcional debería estar siempre "modificado" de alguna forma, aunque para la Unión Europea (UE) no es requisito.

Los alimentos funcionales refieren alimentos que contienen ingredientes con funciones saludables y sus efectos fisiológicos deben ser declaradas para los consumidores. Un aspecto esencial es que la cantidad y forma de consumo debe ser la habitual en la dieta, por lo que el alimento funcional es ante todo un alimento y no un fármaco. No obstante, los alimentos funcionales pueden contribuir a la prevención y tratamiento de enfermedades en cuyo caso se les denomina nutracéuticos (Illanes, 2015).

De acuerdo a Chasquibol *et al.,* (2003), Gormley (2006) y Herrera *et al.,* (2014), el alimento que se proporciona a una especie determinada es funcional, si además de su valor nutritivo, aporta algún efecto añadido y beneficioso sobre las funciones orgánicas además de sus efectos nutricionales intrínsecos, apropiados para mejorar la salud y el bienestar, reducir el riesgo de enfermedad o ambas cosas y consumirse como parte de una dieta normal. Los investigadores afirman que para ser "funcional", un alimento debe de haber demostrado un efecto de disminución del riesgo de padecer una patología o actuar de forma terapéutica sobre cierta enfermedad.

El Instituto Internacional de Ciencias de la Vida en Europa (ILSI, International Lyfe Sciences Institute in Europe) (Hasler *et al.*, 2009) considera que un alimento funcional es:

- ✓ Un alimento natural.
- ✓ Un alimento al que se le ha agregado o eliminado un componente por alguna tecnología o biotecnología.
- ✓ Un alimento donde la naturaleza de uno o más componentes ha sido variada.
- ✓ Un alimento en el cual la biodisponibilidad de uno o más de sus componentes ha sido modificada.
- ✓ Cualquier combinación de las anteriores posibilidades.

El desarrollo de Alimentos Funcionales está asociado con:

- ✓ La identificación y caracterización de compuestos activos, de su biodisponibilidad y los efectos del procesamiento tecnológico.
- ✓ El entendimiento científico de cómo se modulan procesos biológicos involucrados en la salud.
- ✓ El descubrimiento y validación de biomarcadores para ser utilizados en la evaluación de estos nuevos productos y para determinar tanto su seguridad como sus posibles efectos beneficiosos.

Olmedilla *et al*., (2008) señala que un compuesto funcional es una sustancia que genera una "actividad biológica" y se encuentran en los alimentos comunes.

Una gran variedad de plantas y algunos animales son una fuente inagotable de sustancias con actividad biológica, éstos son llamados metabolitos o compuestos bioactivos; las plantas han sido utilizadas por la humanidad a través de generaciones debido al conocimiento de su efecto sobre ciertos padecimientos.

Ahora bien, a pesar de la gran dedicación de un sin numero de investigadores en la identificación y caracterización metabolitos con actividad biológica, sólo unos cuantos son explotados (Olmedilla y Granado, 2008) y muy pocos en la agroindustria. Plantas terrestres y acuáticas deben verse como una opción o alternativa sostenible para la obtención de compuestos con actividad biológica tanto primarios como secundarios. Químicamente los metabolitos primarios son los que derivan de los procesos fotosintéticos que dan lugar a los ácidos carboxílicos del ciclo de Krebs, tienen bajo peso molecular y están ampliamente distribuidos e implicados en los procesos vitales (alfa-aminoácidos, carbohidratos, grasas, proteínas y ácidos nucleicos). Los metabolitos secundarios no participan en procesos vitales pero contribuyen definitivamente a la adaptación de las especies y su supervivencia. Caracterizan a un grupo biológico en particular, como una familia o género; no obstante, no hay una línea que separe claramente a los metabolitos primarios y metabolitos secundarios.

Algunas de las substancias reconocidas como compuestos funcionales extraídas de diversas fuentes vegetales y animales son los ácidos grasos omega 3 y 6, la fibra, los minerales, las vitaminas, los prebióticos (polisacáridos), los probióticos y los simbióticos (probióticos más prebióticos) (Watanabe *et al.*, 1997; Bashan, 2003; Chasquibol *et al.,* 2003; Cerezuela, 2012). Se les relaciona con el incremento del rendimiento productivo y el sistema inmunológico de diversas especies animales.

El compuesto funcional debe diferenciar tres aspectos importantes: la función (papel esencial), la acción (respuesta beneficiosa o adversa, fisiológica o farmacológica) y las asociación (correlaciones de los componentes de los alimentos con algún aspecto o finalidad fisiológica o clínica que puede o no mostrar una relación causal) (Herrera *et al.*, 2014). No podemos hablar de "efecto terapéutico" con los alimentos funcionales porque esto implicaría conocer los riesgos en caso de "sobredosis", así como contar con un instructivo que proporcionara la información de su composición, la dosis funcional mínima y las posibles contraindicaciones, similar a los medicamentos.

La ciencia de los alimentos funcionales es la rama de la ciencia de los alimentos que tiene como objetivo identificar las interacciones beneficiosas entre un alimento determinado y una o más funciones del organismo y, además, obtener evidencias sobre los mecanismos implicados en la interacción. De tal manera que el desarrollo de alimentos funcionales está asociado con 1) la identificación y caracterización de compuestos activos, de su biodisponibilidad y los efectos del procesamiento tecnológico; 2) el entendimiento científico de cómo se modulan procesos biológicos involucrados en la salud y 3) el descubrimiento y validación de biomarcadores para ser utilizados en la evaluación de estos nuevos productos en pruebas biológicas y para determinar tanto su seguridad como sus posibles efectos beneficiosos a la salud (Hasler., 2009; Herrera *et al.*, 2014).

Un alimento funcional no constituye un grupo de alimentos como tal, sino que resultan de la adición, sustitución o eliminación de ciertos componentes a los alimentos habituales. Sus efectos pueden ser el mantenimiento de la salud y bienestar, la disminución de riesgos de enfermedades, la promoción de crecimiento óptimo, entre otros (Olmedilla y Granado, 2008).

Actualmente existe un gran interés en los alimentos funcionales en la ciencia de los alimentos que ha dado lugar a un incremento en investigación y desarrollo, de tal forma que los alimentos funcionales representan para la industria alimenticia una importante catapulta de desarrollo nutricional y de salud (Illanes, 2015).

La relación entre nutrición y el estado inmunológico es fundamental para hacer frente a muchas enfermedades; por lo que, es trascendental el uso de ingredientes en la formulación de dietas balanceadas, que suministren los requerimientos nutricionales de las tilapias y promuevan un estado de salud óptimo, a través de cambios fisiológicos en el sistema inmune (Cook *et al.*, 2001; Olmedilla y Granado, 2008; Nayak, 2010; Mukherjee *et al.,* 2010). Los compuestos funcionales pueden suplir las carencias de las sustancias necesarias para una alimentación, crecimiento y prevención de las enfermedades.

## COMPUESTOS FUNCIONALES CON POTENCIAL PARA LA PRODUCCIÓN DE TILAPIA

En base a las experiencias positivas de diversos investigadores en el uso de sustancias con actividad biológica en distintas especies acuáticas, en este trabajo, los agrupamos en "nutritivos" y "no nutritivos" (Cuadro 1). Los "nutritivos" hacen referencia a las sustancias esenciales en la alimentación y, los "no nutritivos", a aquéllas que no son esenciales, pero que son capaces de interaccionar con el sistema de los organismos para regularlo.

### NUTRITIVOS

#### Proteinas y peptidos

Las proteínas son biopolímeros de aminoácidos con una amplia gama de propiedades nutricionales, funcionales y biológicas fundamentales para los múltiples procesos biológicos. Nutricionalmente, son fuente de energía y aminoácidos esenciales para el crecimiento y mantenimiento. Funcionalmente, contribuyen a las propiedades fisicoquímicas y sensoriales de alimentos. En una dieta poseen propiedades biológicas específicas o son promotores de salud. Varias de estas propiedades se atribuyen a los péptidos fisiológicamente activos encriptados en las moléculas de dichas proteínas.

De acuerdo a Vioke *et al.*, (2006), Liu (2011) y Marrufo-Estrada *et al.*, (2013) cualquier proteína independientemente de sus funciones y calidad nutricional puede ser empleada para generar péptidos bioactivos, potenciando así el uso de proteínas de origen no convencional o subutilizadas; como por ejemplo, las proteínas vegetales provenientes de fuentes silvestres, los residuos de pesquerías o los subproductos de la extracción de aceites entre muchos otros.

Cuadro 1. Clasificación de sustancias con actividad biológica, fuente, forma de acción y beneficios probados en organismos acuáticos.

| Compuesto | Fuente | Forma de acción | Beneficios | Referencia |
|---|---|---|---|---|
| **NUTRITIVOS** | | | | |
| Proteínas y péptidos | Proteínas de fuentes no convencionales. Hidrolizados y péptidos derivados de proteínas lácticas. Decapéptido A233 | A233 induce síntesis HC asociada a crecimiento de peces, síntesis de proteínas anticoagulantes, regulación de madurez sexual y de funciones inmunológicas. | Nutricionales, funcionales, biológicos. Antivirales. Regulación procesos fisiológicos. | Acevedo *et al.*, 2013; Martínez *et al.*, 2013. Junco y Villaño, 2010. |
| Ácidos grasos esenciales | Omegas 3 y 6 | Tienen efecto nutritivo y promueven la salud fortaleciendo sistema inmune. | Crecimiento Deposición de grasas | Cengiz, Unlu y Bashan, 2003; Mukherjee *et al.*, 2010; Valenzuela y Sanhueza, 2009. |
| **NO NUTRITIVOS** | | | | |
| Prebióticos: carbohidratos, oligómeros y polímeros | B glucanos | Es probable que estimula neutrófilos para formar trampas. | Modulación del sistema inmunológico. Evita translocación bacteriana (paso de gérmenes de origen gastrointestinal hacia órganos hígado, bazo y pulmón). Mantienen el equilibrio de la flora intestinal, mediante la fermentación y la producción bacteriana de ácidos grasos de cadena corta (AGCC). | Balakrishna, 2013; Balakrishna y Keerthi 2012; Balakrishna y Kumar ,2012. |
| Probióticos | *Aeromonas salmonicida* *Citrobacter freundi* *Lactobacillus acidofilus* | Reduce efectos infecciones. Modula sistema inmune. | Beneficia crecimiento, la sobrevivencia, refuerza sistema inmune. | Decamp y Moriarty,2006. Dimitroglou *et al.*, 2011. |
| Simbióticos | Prebiótico más probiótico | Participa en la flora intestinal y metabolismos de la síntesis de compuestos | Beneficia crecimiento y uso del alimento, aumenta supervivencia, mejora el sistema inmune. | Rodríguez-Estrada *et al.*, 2009. O´Sullivan *et al.*, 2010. |
| Orujo de oliva | OP Alpechin fuentes de lípidos | Participación en procesos celulares | Propiedades cardioprotectoras | Nasopoulou *et al.*, 2011 y Nasopoulou *et al.*, 2013. |
| Antioxidantes | B carotenos de fuentes vegetales tanto acuáticos como terrestres. Flavonoides | Contrarrestan peroxidación de radicales libres que causan daño estructural a las células normales. | Protegen contra daños oxidativos. | Vásquez-Piñeros *et al.*, 2012. |
| **MINERALES** | | | | |
| Selenio | | Participa en importantes procesos metabólicos | Mejora variables zootécnicas productivas como ganancia de peso, conversión alimenticia, consumo de alimento y mortalidad. Combate estrés oxidativo. | Juniper *et al.*, 2006; Rayman, 2008; Küçükbay *et al*, 2009; Pedrero y Madrid, 2009. |

Elaboración propia.

Actualmente existen hidrolizados y péptidos derivados de proteínas lácteas con aplicación antiviral frente a virus que afectan a peces de cultivo (salmón y trucha). Estos compuestos se obtienen a partir de la caseína de la leche mediante hidrólisis enzimática, y presentan una potente actividad antiviral con muy baja toxicidad. Al parecer los costos son bajos y tienen altas posibilidades de incluirse en la dieta de peces sin ningún riesgo para el humano (Herrera *et al.*, 2014).

Junco y Villaño (2010) comprobaron el efecto antiviral contra los virus de la necrosis pancreática infecciosa (IPNV) y de la necrosis hematopoyética infecciosa (IHNV) que afecta a truchas y salmones, en cultivos de células de peces; utilizando hidrolizado, fracciones y péptidos específicos de caseína total y de alfa-s2-caseína junto con pepsina. Así frenaron las infecciones causadas por los virus, determinando que hay una disminución significativamente del número de virus por unidad de volumen producidos tras la infección de los cultivos celulares. Los investigadores suguieren que los hidrolizados y péptidos podrían suministrarse como parte de productos alimenticios ó fármacos orales en producciones acuícolas, sin presentar riesgo alguno para la salud humana, debido a su origen alimentario.

Herrera *et al.*, (2014) explica que la forma de actuar de algunos péptidos es mediante su capacidad de regular procesos fisiológicos, alterando el metabolismo celular y actuando como hormonas o neurotransmisores a través de interacciones hormona-receptor y cascadas de señalización, o pueden actuar sobre la regulación del metabolismo controlando las glándulas de excreción y tener efecto sobre sobre el dolor, apetito y el estrés.

Por otra parte, Martínez *et al,* (2013) caracterizaron el decapéptido denominado A233, diseñado por modelación molecular; y evaluaron sus efectos como secretagogo (receptores de ligandos) de la hormona del crecimiento (SHC), tanto en vitro como en vivo. La secreción de la hormona de crecimiento (HC) en peces teleósteos es regulada por varios factores hipotalámicos que dependen de su estado fisiológico. Esta hormona participa en procesos fisiológicos asociados indirectamente con el crecimiento de los peces, la osmorregulación de agua salada, la síntesis de proteínas anticongelantes, y la regulación de la maduración sexual y de las funciones inmunológicas. Para evaluar el efecto del péptido realizaron un cultivo in vitro de células de la glándula pituitaria de tilapia (*Oreochromis niloticus*), estimulando con la GH A233 a una concentración de 10 nM durante 8 hrs. Demostraron que en cultivos de células pituitarias, el péptido indujo la secreción de la HC e incrementó la producción de la enzima superóxido dismutasa en cultivos de leucocitos de la cabeza del riñón: efecto bloqueado al preincubar las células con el antagonista de SHC [D-Lys3]-GHRP6. Posteriormente, se realizó una inmunoneutralización de la HC con la adición de un anticuerpo anti-HC de tilapia, que bloqueó la producción de superóxido dismutasa estimulada por el péptido A233. La actividad biológica *in vivo*, se determinó mediante la estimulación del crecimiento en larvas de *goldfish* y de tilapia ($p < 0.001$) encontrándose un efecto positivo con los aumentos en los niveles de superóxido dismutasa, de actividad antiproteasa y de lectina aumentaron en las larvas. Kaiya *et al*., (2010) también reporta que el decapéptido A233 funciona como SHC en peces teleósteos, y potencia los parámetros de la respuesta inmune innata larvas de peces.

**Acidos grasos**

La composición de los ácidos grasos saturados (AGS) e insaturados (AGI) depende en general, de su origen (terrestre o marino). Los AGI pueden ser monoinsaturados (AGMI) o poliinsaturados (AGPI), estos últimos pueden ser del tipo omega-9, omega-6 u omega-3 los cuales son de gran importancia nutricional. El principal representante de la familia omega-9 es el ácido oleico (C18:1,AO); el de la familia omega-6 es el ácido linoleico (C18:2, AL) y el de la familia omega-3, el ácido alfa linolénico (C18:3, ALN). Los animales pueden formar omega-9 pero no omega-6 ni omega-3. Los aceites vegetales terrestres como el de oliva, girasol, maíz y soya, contienen en su mayoría ácidos grasos monoinsaturados omega-9, y poliinsaturados omega-6, y sólo contienen en pequeñas cantidades o nada omega-3. Existen excepciones; los aceites de canola, de chía y de linaza contienen mayor cantidad de ácidos grasos omega-3, son de origen terrestre y su principal componente es el ALN; mientras que los aceites de origen marino contienen altas cantidades de omegas-3 de cadena larga (AGPICL); sus componentes principales son el ácido eicosapentaenoico (C20:5, EPA) y el ácido docosahexaenoico (C22:6, DHA) (Valenzuela y Sanhueza, 2009).

De acuerdo a Hibbeln *et al.,* (2006) los ácidos grasos omega-3 de cadena larga EPA y DHA son altamente valorados por sus efectos benéficos en la salud y nutrición humana y animal. Los peces al igual que el humano, tienen una alta biodisponibilidad a los omega 3 (eficacia con la que el organismo utiliza los ácidos grasos y obtiene un beneficio), debido a la estructura molecular de los triglicéridos que componen estos aceites. Los ácidos grasos unidos a los carbonos 1 y 3 tienen una biodisponibilidad variable, si son saturados generalmente presentan baja absorción, si son insaturados pueden tener alta biodisponibilidad. Sin embargo, los ácidos grasos que ocupan la posición 2 siempre son de alta biodisponibilidad, sean saturados o insaturados. EPA y DHA generalmente sustituyen la posición 2 (sn-2) de los triglicéridos de los aceites marinos, tanto de origen vegetal como animal, por lo cual son eficientemente absorbidos a nivel intestinal, y ser utilizados por los diferentes órganos. De esta forma, la biodisponibilidad del EPA y DHA de los aceites marinos refinados, fraccionados, encapsulados o microencapsulados es alta (Valenzuela y Sanhueza, 2009).

La importancia de incluir ácidos grasos en la dieta de peces de cultivo como la tilapia, es su efecto sobre el crecimiento y la deposición de grasa (Cengiz, Unlu y Bashan, 2003). Normalmente, en ausencia de una adecuada protección por algún agente antioxidante, los lípidos ricos en AGPI, son muy propensos a la auto-oxidación lo cual reduce el beneficio nutricional de los AGE, y resulta hasta perjudicial a la salud de los peces ó crustáceos. Los ingredientes alimenticios ricos en AGPI generalmente se obtienen de pescado, harina de pescado, salvado de arroz y pastas de oleaginosas, las cuales contienen muy poco ó ningún agente antioxidante natural. Durante el proceso de auto-oxidación lipídica, se forman radicales libres, peróxidos, hidroxiperóxidos, aldehídos y cetonas; quienes reaccionan con otros ingredientes en la dieta (vitaminas, proteínas y otros lípidos) disminuyendo su valor biológico y disponibilidad durante la digestión (Church, 2004; Choct, 2009).

Los requerimientos de ácidos grasos de la tilapia son similares al de las aves de corral, requieren alrededor del 1 % ya sea de 18:2 (n6) o 18:3 (n3) en su dieta. La tilapia no requiere de ácidos grasos de cadenas largas de 18 carbonos (EPA o DHA). Alceste y Jory (2000 in Swick, 2001) refieren que la tilapia requiere menos de 2 g de lípidos totales que es alrededor del 10% en la dieta y luego decrece a 6-8 %.

Por lo anterior, actualmente se evalúan las plantas acuáticas como recursos naturales, menos costosos, no utilizados o subutilizados, como alternativas de fuentes de ácidos grasos y otros nutrientes, para reducir la dependencia de los ingredientes convencionales y que se puedan explotar de una forma sustentable (Mukherjee *et al.*,2010).

Se ha encontrado que *Salvinia cuculata*, *Trapa natans*, *Lemna minor* and *Ipomoea reptans* entre otras plantas acuáticas, contienen altas proporciones de ácidos grasos poliinsaturados C18:2 (ácido linoléico) and C18:3 (ácido alfa linolénico) y una proporción predominante de ácidos grasos altamente insaturados esencial para el crecimiento y el buen desarrollo de los peces, además son fuentes importantes de proteína, minerales y vitaminas que pueden incorporarse en la dieta de peces como compuestos funcionales (Kalita *et al.*, 2007; Kalita, Mukhopadhyay y Mukherjee, 2008). En base a las proporciones de ácidos grasos determinados *Lemna minor* e *Ipomea reptans*, Mukherjee *et al.*, (2010) refieren que la composición de ácidos grasos de estas plantas son una fuente promisora de nutracéuticos para la alimentación de peces.

Una dieta con bajos niveles de ácidos grasos saturados o alta proporción de ácidos grasos es adecuada para peces. Antes de formular un alimento es importante considerar los factores antinutricios ya que estos pueden tener un efecto adverso sobre el crecimiento de los peces. Hay estudios que demuestran la presencia de factores antinutricios en estas plantas acuáticas, pero en niveles tolerables. El consumo de estas platas por los peces no tiene efecto adversos en el crecimiento de peces (Kalita *et al.*, 2007 y 2008).

## NO NUTRITIVOS

### Prebióticos (inmunoestimulantes o inmunomoduladores)

De acuerdo a Isolauri *et al.*, (2001) y Cerezuela (2012) los prebióticos son generalmente hidratos de carbono de cadena corta, que pueden ser fermentados a lo largo del tracto gastrointestinal y estimular el crecimiento de bifidobacterias potencialmente beneficiosas. Entre los prebióticos se encuentra la fibra dietética, que tiene un papel importante en el mantenimiento y desarrollo de la flora bacteriana intestinal, factores importantes en los mecanismos de defensa de un individuo. Su inclusión en la ingesta puede prevenir o incluso evitar la translocación bacteriana (paso de gérmenes de origen gastrointestinal hacia órganos hígado, bazo y pulmón), ya que los productos finales de la fibra son tróficos para las células epiteliales intestinales; de este modo se mantiene el equilibrio de la flora intestinal, mediante la fermentación y la producción bacteriana de ácidos grasos de cadena corta (AGCC). Los AGCC se absorben rápidamente, estimulan la absorción de agua y sal, y proporcionan una fuente de energía para el colon.

No todos los carbohidratos de la dieta son prebióticos; para que una sustancia sea considerada prebiótico, debe cumplir los siguientes criterios 1) no debe ser hidrolizado ni absorbido en el estómago o el intestino, 2) debe ser selectivo para bacterias comensales beneficiosas, y 3) su fermentación debe inducir efectos beneficiosos locales o sistémicos en el hospedador (Manning y Gibson, 2004; Roberfroid, 2007).

Los prebióticos más ampliamente estudiados son los fructanos, inulina y oligofructosa, derivados de las raíces de la achicoria (Seifert y Watzl, 2007; Kelly, 2009).

Existen oligosacáridos con propiedades prebióticas potenciales incluyen los transgalactooligosacáridos, lactulosa, isomalto-oligosacáridos, lactosacarosa, oligosacáridos de la soja y gluco-ologosacáridos (Vulevic *et al,*. 2004). A esta lista de prebióticos se suman los de reciente uso como son β-glucano, obtenido por la hidrólisis parcial de β-glucano de la cebada y los arabinoxilo-oligosacáridos, producidos por hidrólisis de cereales ricos en arabinoxilanos (Grootaert *et al.,* 2007) y algunos carbohidratos procedentes de macroalgas marinas (O'Sullivan y *et al.*, 2010).

**Polisacáridos y B-glucanos**

La mayoría de los prebióticos identificados son carbohidratos y oligosacáridos con diferentes estructuras moleculares, presentes habitualmente en la dieta, como las fibras, aunque los más prometedores son los oligosacáridos no digeribles (ODNs). Los polisacáridos son sustancias se encuentran en la matriz de la pared celular de plantas terrestres y acuáticas, hongos, levaduras y bacterias. La diferencia es que en algas marinas, por ejemplo; los polisacáridos son sulfatados, los cuales pueden unirse con otras moléculas confiriéndoles a las algas propiedades benéficas. De acuerdo a Burr *et al*., (2005) y Gatlin *et al*., (2006) estos compuestos se pueden clasificar en inmunonutrientes (compuestos que sirven de sustrato o fuente de energía al sistema inmune), inmunoestimulantes (regulan la respuesta del sistema inmune mediante el envío de señales al sistema neuro-inmuno-endocrino) y en compuestos y/o organismos vivos moduladores de la flora colónica.

A la fecha se han utilizado varios tipos de inmunoestimulantes para proteger los cultivos acuícolas contra una amplia gama de enfermedades (Vetvicka *et al*., 2013). En base al estudio de sus efectos profilácticos, de estas sustancias, al parecer los glucanos son los más apto para la acuicultura. Las principales especies en quienes se ha estudiado son la trucha arcoíris, la carpa, peces zebra, pez gato, salmón del Atlántico y peces planos (Cook *et al.*, 2001; Bagni *et al.*, 2005; Zhou *et al.*,2010).

Existe evidencia científica de la modulación que ejercen sobre el sistema inmunológico algunos prebióticos, al incrementar la actividad fagocítica de monocitos y granulocitos, y aumentar los niveles de células secretoras de anticuerpos (Abd El-Rhman *et al.*, 2007;).

De acuerdo con Selvaraj *et al.*, (2005) la administración de glucanos en carpa ha aumentado la supervivencia mediante la estimulación de la respuesta no específicos y específica (anión superóxido, IL-1 de secreción y formación de anticuerpos), aunque también es posible estimular el sistema complemento C (Pionnier *et al.*, 2013; Díaz *et al.*, 2013). En trucha, Jorgensen *et al.*, (1993) indica que los glucanos activan los macrófagos confiriéndoles mayor capacidad para combatir *Aeromonas salmonicida*, a pesar de su virulencia. No obstante lo anterior, Brogden *et al.*, (2012) y Vetvicka *et al.*, (2013) indican que aún no se han establecido completamente los mecanismos de inmunidad de los glucanos pero las observaciones sugieren que estimulan a los neutrófilos para formar trampas extracelulares.

Los mananooligosacáridos (MOS) son un tipo de oligosacáridos que han demostrado mejorar el funcionamiento intestinal y la salud al incrementar la integridad, uniformidad y altura de sus vellosidades, aumentando así su eficiencia de absorción. El uso de los aditivos de alimentos funcionales como el MOS para mejorar el crecimiento y salud en la industria acuícola es cada vez más importante, ya que los consumidores demandan prácticas de producción eco-amigables, y existe una falta de información del efecto de MOS y otros oligosacáridos en especies económicamente importantes como la tilapia y la trucha arcoiris. Dimitroglou *et al.*,

(2009) evaluó su efecto sobre la estructura intestinal y la microbiota ecológica intestinal de la trucha arcoiris. Utilizó dietas al 0.2% (2 g.kg-1) de Bio-Mos derivado de *Sccharomyces cerevisiae.* Y demostraron con un estudio histológico de microscopía de luz y electrones que dietas suplementadas con MOS induce un incremento del área absortiva en las regiones anterior y posterior del tracto digestivo de subadultos de trucha; MOS fue capaz de incrementar la densidad y longitud del microvilli intestinal y de incrementar las bacterias acido lácticas Enterococcus spp., bacterias benéficas del tracto digestivo. Lo anterior, beneficia a los peces en la utilización del alimento pero también es probable que ayude en el mantenimiento del epitelio de mucosas para prevenir infecciones por bacterias oportunistas; es decir, contribuye a mejorar el crecimiento, la utilización del alimento y la sobrevivencia.

Zhou *et al.,* (2010) compararon el efecto de 4 prebióticos diferentes, incluidos en la dieta al 1% de peces juveniles de plato rojo red drum (*Sciaenops ocellatus*); dos mananoologosacáridos (MOS) comerciales, PrevidaTM (contiene galactogluco-mananos de extracto de hemicelulosa) y BioMOSR y dos fructoologosacáridos (FOS) en forma de inulina y trans-galactooligosacárido (GOS). Todos afectaron positivamente el crecimiento, la respuesta inmune y la morfología intestinal; aunque con algunas variantes; como por ejemplo, la dieta con FOS redujo significantemente la producción de radicales oxidativos, la actividad de la lisozima fue significativamente menor con todos los prebióticos pero mejor con GOS.

En el Cuadro 2, se resume el uso de inmunoestimulantes más relevantes de uso acuícola.

Cuadro 2. Inmunoestimulantes más relevantes utilizados en peces.

| Origen | Tipo | Inmunoestimulante | Referencia |
|---|---|---|---|
| Natural | Bacterias y derivados | Lipopolisacárido<br>Muramil dipéptido<br>Peptidoglicano<br>β-glucanos | Dalmo y Bøgwald, 2008<br>Swain y col., 2008<br>Das y col., 2009<br>Kudrenko y col., 2009<br>Rodríguez y col., 2003 |
| | Extractos de algas, plantas y animales | Propóleo<br>EF-203<br>*Ecteinascida turbinata*<br>*Haliotis discus*<br>*Watasemia scintillans*<br>Saponina<br>Hierbas chinas | Cuesta y col., 2005<br>Sahoo, 2007<br>Talas y Gulhan, 2009<br>Galina y col., 2009<br>Harikrishnan y col., 2011<br>Enis Yonar y col., 2011 |
| | Citocinas y hormonas | Hormona del crecimiento<br>Interferón<br>Interleuquinas<br>Lactoferrina<br>Prolactina<br>Factor de necrosis tumoral<br>Triyodotironina | Cuesta y col., 2006<br>Sahoo, 2007<br>Cuestan y col., 2008<br>Zhang y col., 2009 |
| | Ácidos nucléicos y nucleótidos | Oligonucleótidos<br>CpGs<br>RNA cadena doble | Li y Gatlin, 2006<br>Carrington y Secombes, 2006<br>Cuesta y col., 2008<br>Strandskog y col., 2008<br>Fernandez-Trujillo y col., 2008<br>Das y col., 2009 |
| | Factores nutricionales | Vitaminas C, E, A y D<br>Elementos traza (I, F, Zn, Ca, Mg, Fe, Se)<br>Proteínas<br>Lípidos<br>Carbohidratos | Ortuño y col., 2000<br>Cuesta y col., 2001<br>Cuesta y col., 2002a<br>Sahoo, 2007<br>Rajanbabu y Chen, 2011 |
| | Polisacáridos | Quitina<br>Quitosán<br>No almidones (fibras, celulosa...) | Sahoo, 2007<br>Sinha y col., 2011<br>Esteban y col., 2001 |
| Sintético | Levamisol<br>FK-565<br>Adyuvante de Freud | Levamisol<br>FK-565<br>Adyuvante de Freud | Cuesta y col., 2002b<br>Galindo-Villegas y Hosokawa, 2004<br>Alvarez-Pellitero y col., 2006<br>Sahoo, 2007 |

Fuente: Cerezuela (2012).

**Probióticos**

Los probióticos son suplementos alimenticios a base de productos cultivados o microorganismos vivos, que tienen un efecto benéfico sobre el balance intestinal de su hospedador (microflora intestinal) (Fuller, 1987). Aunque en el 2001, la Organización de Agricultura y Alimentos (FAO) y la Organización Mundial de la Salud (WHO) hizo una definición más fina, y considera que los probioticos son microorganismos que son administrados en cantidades adecuadas que confieren un beneficio a la salud de su hospedero (FAO/WHO, 2001). Una microflora intestinal equilibrada constituye una barrera eficaz frente a la colonización por patógenos, produce sustancias aprovechables por el hospedador (como por ejemplo, vitaminas y ácidos grasos de cadena corta) y estimula el sistema inmunitario de un modo no-inflamatorio (Gaggìa *et al.,* 2010).

Existe en la literatura un amplio uso sobre probióticos en acuacultura; las evidencias sugieren un amplio uso en el cultivo de peces e invertebrados que incluyen una gran gama de bacterias Gram positivas, Gram negativas, bacteriofagos, microalgas y levaduras que se pueden aplicar en el agua u oralmente (Austin y Austin, 2012; Newaj-Fyzul *et al*; 2014). Los beneficios de los probióticos en el crecimiento son amplios y reducción de enfermedades (Boonthai *et al.*, 2011; Silva *et al.*, 2013; Mohapatra *et al.*, 2013). Algunos ejemplos del uso de probióticos en peces estan resumidos en el Cuadro 3.

La acuicultura se requiere de alimentos con calidad nutritiva y aditivos complementarios que ayuden a mantener a los organismos saludables y promuevan un óptimo crecimiento. La mayoría de los probiontes pertenecen a géneros dominantes o subdominantes de la microbiota del humano y animales terrestres de crianza (*Bifidobacterium, Lactobacillus, Streptococcus*). Sin embargo, micro organismos gram- negativos anaerobios facultativos predominan en el tracto digestivo de peces y crustáceos, y estos son, los probióticos más eficientes para acuacultura (Gatesoupe, 2000).

Vine *at al.,* (2006) y Kesarcodi-Watson *et al.,* (2008) refieren que los probióticos en acuicultura deben seleccionarse en base determinados criterios como la tolerancia al entorno gastrointestinal (por el ácido biliar), la actividad antagonista frente a patógenos así como la supervivencia en el jugo gástrico; y la adhesión del microorganismo probiótico a la mucosa intestinal (capacidad del microorganismo para unirse eficientemente a las células epiteliales intestinales para reducir o prevenir la colonización de patógenos) (Balakrishna y Kumar, 2012). Los probióticos pueden mejorar la integridad de la barrera epitelial intestinal a través de dos mecanismos. El primero, la estimulación de la producción de moco por parte de las células caliciformes, distribuidas por todo el epitelio, y el segundo, el mantenimiento de las uniones estrechas. Estas uniones forman una barrera biológica continua que previene la entrada de macromoléculas y bacterias patógenas. Las proteínas que las constituyen son estructuras dinámicas sujetas a cambios que modifican su función, y que por tanto son susceptibles a la actuación de agentes externos (Sihag y Sharma, 2012).

Las principales fuentes de probióticos para la acuacultura son del mucus de la piel de peces (Tapia-Paniagua *et al.,* 2012) y de tracto digestivo de organismos acuáticos (Luis-Villasenor *et al.,* 2011; Nayak y Mukherjee, 2011). Aunque, actualmente existen probióticos comerciales para su uso en el cultivo de peces, algunos en forma de suplementos de una o varias especies (Decamp y Moriarty, 2006).

Entre los mecanismos de acción de los probióticos se encuentra, la regulación de la homeostasis microbiana intestinal o estabilización de la barrera gastrointestinal (Lazado *et al.*, 2011; Merrifield *et al .*, 2010; Newaj-Fyzul *et al;* 2014)., expresión de bacteriocinas (Desriac *et al.*, 2010), producción de enzimas que inducen la absorción y mejoran la nutrición (Pirarat *et al.*, 2006), efectos inmunomoduladores y de acuerdo al tipo de probiótico que se utilice, será la respuesta del sistema inmune (Pai *et al.*, 2010; Mandiki *et al.*, 2011; Balakrishna y Kumar, 2012).

A pesar de la gran información existente, aún no se conoce completamente el modo de acción de las bacterias probióticas ya que existen diferentes modos de acción. Lo cierto es que los beneficios en la producción de peces han sido demostrados en la mejora de la eficiencia de conversión alimenticia, la ganancia de peso vivo, protección frente a patógenos mediante la competencia por los sitios de adhesión, la producción de ácidos orgánicos (fórmico, acético, láctico), peróxido de hidrógeno y otros compuestos como antibióticos, bacteriocinas, sideróforos, lisozima que modulan las respuestas fisiológicas e inmunológicas en los peces.

Es necesario considerar que los efectos del probiótico utilizado dependerán en gran medida de la especie de pez, la duración del tratamiento, la dosis y el tipo de probióticos. Además, hay que tener presentes los mecanismos que median estos efectos sobre la microflora intestinal, las barreras mucosas, la morfología celular y la expresión génica, aspectos que han sido muy poco estudiados.

Cuadro 3. Bacterias Gram negativas y Gram positivas utilizadas como probióticos en peces y con potencial para el cultivo de tilapia.

| Nombre de la bacteria | Especie en la que se aplicó | Efecto | Referencia |
|---|---|---|---|
| GRAM NEGATIVAS | | | |
| *Aeromona salmonicida* | *Oncorhynchus myskiss* (Walbaum) ó trucha arcoiris | Reducción de infecciones | Irianto y Austin, 2002[a] y 2002b. |
| *Aeromona sobria* GC2 (En alimento 5x107 células <g-1> por 14 días) | *Oncorhynchus myskiss* (Walbaum) ó trucha arcoiris | Protección vs Lactococcus garvieae y Streptococcus iniae. | Brut yAustin, 2005. |
| *A. sobria* GC2 (En alimento 5x108 células <g-1> por 14 días) | *Oncorhynchus myskiss* (Walbaum) ó trucha arcoiris | Protección vs *Aeromonas bestiarum* (pudre aletas) y reduce mortandad 78 a 24%. Reduce montandad por *Ichthyophtirus multifilis* de 98 a 0%. | Pieters *et al.*, 2008. |
| *Citrobacter freundii* | *Oreochromis niloticus* | Inhibe *Aeromonas hydrophyla.* | Aly *et al.*, 2008[a] y 2008b; Austin y Austin, 2012. |
| *Enterobacter amnigenus* y *Enterobacter sp.* | Trucha arcoiris | Confieren resistencia a la infección por *Flavobacterium psychrophilum* | Burbank *et al.*, 2011. |
| *Pseudomonas fluorescens* | Trucha arcoiris | Reduce mortalidades causadas por *V. anguillarum* (47 a 32%) | Gram *et al.*, 1999. |
| *Pseudomonas chlororaphis* | *Perca fluviatilis* | Controla infección | Austin y Austin, 2012. |
| *Rhodopseudomonas G06* | *O. niloticus* | Contribuye a la ganancia en peso y sistema inmune | Zhou *et al.*, 2010. |
| *Vibrio fluvialis* | Trucha arcoiris | Controla infección por *A. Salmonicida.* | Irianto y Austin, 2002a. |

| Nombre de la bacteria | Especie en la que se aplicó | Efecto | Referencia |
|---|---|---|---|
| GRAM POSITIVAS | | | |
| *Bacillus subtillis* y *B. Lichenniformis* (BioPlus 2B) | Trucha arcoiris | Resistencia a infección por *Y. ruckeri.*<br><br>Mejora conversión alimenticia, tasa de crecimiento y eficiencia proteíca. | Raida *et al.,* 2003. Merrifield *et al.,* 2010. |
| *B. pumilis* en alimento ($10^6$ y $10^{12}$ células <g-1> | *O. niloticus* | Ganancia de peso, refuerza sistema inmune, aumenta linfocitos y monocitos. Resistencia a *A. hydrophyla.* | Aly *et al.*, 2008 a y b. |
| *Clostridium butyricum* | Trucha arcoiris | Resistencia a vibrosis | Sakai *et al.*, 1995. |
| *Ñactobacillus acidophilus* | *O. niloticus* | Modula sistema inmune, incrementa la actividad de la lizosima. Resistencia a infecciones por *P. fluorescens* y *S. iniae.* | Sakai *et al.,* 1995. |
| *L. rhamnosus* | Tilapia | Combate *E. tarda* | Pararat *et al.,* 2006. |
| *Micrococcus* | Trucha | Reduce infecciones por *A. salmonicida.* | Irianto y Austin, 2002[a]. |
| *M. luteus* | Tilapia | Reduce mortandad por *A. hydrophyla* y facorece el crecimiento. | Abd El-Rhman *et al.,* 2009. |

**Simbioticos**

El término simbiótico es usado cuando un producto contiene probióticos y prebióticos simultáneamente. Debido a que la palabra alude al sinergismo, este término debería reservarse para productos en los cuales los componentes prebióticos selectivamente favorecen a los componentes probióticos que integran el simbiótico.

Pocos son los estudios que han investigado el efecto de los simbióticos en peces. Se han evaluado dos géneros de bacterias como probióticos: *Enterococcus spp y Bacillus spp* y como prebióticos: fructooligosacáridos y mananoligosacáridos, en cuatro especies de peces: trucha arco iris, lenguado japonés, corvina y cobia (Rodríguez-Estrada et al., 2009; Mehrabi et al., 2012). En estos estudios se ha demostrado la capacidad sinérgica de algunas combinaciones simbióticas, así como efectos beneficiosos sobre el crecimiento y la utilización del alimento, el aumento de la supervivencia, la mejoría en el sistema inmunitario y la resistencia a enfermedades.

**Orujo de oliva (op)**

La industria del aceite de olivo produce mediante la tecnología centrífuga trifásica dos subproductos: el orujo de oliva (OP) y el alpechín (OMWW). De cada 100 kg de aceitunas, se generan 35 kg de OP, lo que indica que su producción es sostenible. Su costo es de $10/L/kg, lo cual es un precio competitivo en comparación con otros aceites vegetales. Este costo, más el porcentaje de inclusión en la dieta de peces (4-8%), hace que el OP sea una fuente prometedora de lípidos para la formulación de alimentos balanceados para la acuicultura. Nasopoulou et al. (2011) y Nasopoulou et al., (2013a) reportan que se ha encontrado que los lípidos totales de la dorada (Sparusaurata) alimentada con una dieta de OP tiene niveles de ácidos grasos decrecientes, mientras se da una actividad biológica potente contra la agregación de plaquetas, inducida por el factor de activación de plaquetas (PAF). Es decir, la dorada alimentada con OP ha generado propiedades cardio protectoras significativamente mayor respecto a aquéllas alimentadas con aceite de pescado. Después de comparar la inclusión de aceite de pescado en la dieta comercial de la dorada contra una dieta que contenía OP (8% w/w en el pellet final) se ratificaron las propiedades cardio protectoras con las dietas de OP. Por lo que se recomiendan el OP como sustituto parcial de aceite de pescado en los alimentos acuícolas.

De acuerdo al CODEX 33-1981, algunas de las propiedades del OP son: energético, contiene ácido oleico, responsable de reducir los niveles de colesterol de baja densidad (LDL) y colesterol total. Además, tiene un alto contenido en antioxidantes naturales, como la clorofila, vitamina E y carotenos. Según investigadores del CSIC (Consejo Superior de Investigaciones Científicas-Agencia Iberoamericana para la difusión de la Ciencia y Tecnología, 2009), el aceite de orujo contiene el ácido oleanólico, que tiene propiedades antitrombóticas y vasodilatadores demostradas. Retarda la presencia en sangre de triglicéridos, lipoproteínas y leucocitos. Hay tres tipos de aceite de orujo de oliva: el crudo o bruto, que se obtiene mediante tratamiento con disolventes que posteriormente se suprimen y que suele contener una acidez de más de 2, por lo que no es comestible; el aceite de orujo de oliva refinado, obtenido mediante el refinado del crudo y el aceite de orujo de oliva, que se encuentra normalmente en el supermercado y que es una mezcla de aceite de orujo refinado y de aceites de oliva vírgenes (Cert *et al.*, 2002; Jimenes y Carpio 2008).

## MINERALES

### Selenio en dietas para peces

El selenio es un nutriente esencial para el humano y para algunos animales como los peces porque participa en importantes procesos metabólicos, y una deficiencia de este, puede ocasionar retraso en el crecimiento, distrofia muscular, pérdida del apetito y mortalidad, entre otros (Watanabe, 1997; NRC, 1993). Actualmente, se suplementa las dietas de animales de consumo humano como los peces (Wang *et al.,* 2007), la leche (Knowles *et al.,* 1999), los huevos (Utterback *et al.*, 2005; Payne *et al.*, 2005), la carne de cordero (Juniper *et al.,* 2009; Vignola *et al.*, 2009) entre otros como estrategia para cubrir las necesidades del humano, lo cual tiene un impacto en la industria alimenticia (Rayman, 2008; Pedrero y Madrid, 2009).

El requerimiento nutricional de selenio en los peces es de 0,15-0,5 mg se/kg de dieta en materia seca (Watanabe, 1997). Wang y Lowell (1997) evaluaron la biodisponibilidad de selenito de sodio, seleno-metionina y selenio en pez gato americano (*Ictalurus punctatus*) encontrando que la biodisponibilidad para el crecimiento de las fuentes orgánicas, seleno-metionina y seleno-levadura, fue mayor con respecto a la fuente inorgánica (selenito de sodio) con valores de biodisponibilidad relativa de 363 y 269%, respectivamente. Estos hallazgos fueron similares a los obtenidos por Jaramillo *et al.* (2008) con lubina estriada (*Morone chrysops* x *M. Saxatilis*), quienes observaron una mayor biodisponibilidad de la seleno-metionina estimada como selenio corporal en relación con el selenito de sodio, con un valor relativo de 330%.

Se ha determinado que dietas de peces suplementadas con selenio, con valores de inclusión cercanos al requerimiento o superiores, utilizando fuentes orgánicas e inorgánicas, mejoran las variables zootécnicas productivas como ganancia de peso, conversión alimenticia, consumo de alimento y mortalidad en carpa dorada salvaje, pez gato americano (Wang y Lovell, 1997), lubina estriada (Jaramillo *et al.*, 2008) y trucha arco iris (Küçükbay *et al.*, 2009). Además, se ha encontrado que la suplementación con selenio en el cultivo de trucha arcoíris, mitiga los efectos negativos de las altas densidades de cultivo (estrés oxidativo) (Küçükbay *et al.*, 2009). En el pez gato africano (*Clarias gariepinus*) la suplementación ha mejorado su comportamiento frente a la toxicidad por cobre (Abdel *et al.*, 2007).

Por otra parte, es sabido que concentraciones mayores a 10 mg de selenio/kg de dieta es tóxico para la trucha arco iris (Hilton et al.,1980), pez gato americano (Gadlin y Wilson, 1984), esturión blanco (*Acipenser transmontanus*) (Tashjian *et al.*, 2006) y lubina estriada (Jaramillo *et al.*, 2008).

Hilton *et al.* (1980) explican que consumos prolongados de 3 mg de selenio/kg de dieta, también pueden tener efectos negativos en la trucha arco iris. Los efectos tóxicos se manifiestan en el crecimiento, eficiencia alimenticia e incremento en la mortalidad de los peces, situación que puede ser acentuada debido a la calidad del agua, considerando que los peces absorben selenio por medio de las branquias (Watanabe *et al.*, 1997).

El cuadro 4 muestra la concentración de selenio en músculo alcanzada al suplementar dietas para diferentes especies de peces. Estos estudios no reportan efectos negativos de la suplementación en el comportamiento productivo de los animales con las dosis utilizadas en las dietas, cuyo valor más alto fue el de Schram *et al.* (2008) con 8,5 mg se/kg de dieta en pez gato africano. Dosis de selenio superiores se han empleado en estudios para evaluar el requerimiento o los niveles tóxicos del mineral (Hilton *et al.*, 1980; Gatlin y Wilson,1984).

Cuadro 4. Contenido de selenio en músculo después de un periodo de suplementación con una fuente orgánica (seleno-metionina).

| Especie[a] | Semana | Cantidad Se[b] | Contenido en músculo[c] |
|---|---|---|---|
| *Salmo salar* | 8 | 1.20<br>2.20<br>3.20 | 0.48<br>1.53<br>2.51 |
| *Ictalurus punctatus* | 9 | 0.05<br>0.07<br>0.11<br>0.25<br>0.45 | 0.12<br>0.28<br>0.36<br>0.45<br>0.54 |
| *Carassius auratus gibelio* | 4 | 0.05<br>0.55 | 5.90<br>14.20 |
| *Carassius auratus gibelio* | 4 | 0.05<br>0.55 | 6.10<br>13.52 |
| *Morone crysops* x *M. saxatiis* | 6 | 1.22<br>1.62<br>2.02<br>4.42 | 0.33<br>0.38<br>0.45<br>1.09 |
| *Clairas gariepinus* B. [d] | 6 | 1.86<br>3.94<br>8.52 | 1.22<br>2.26<br>4.02 |

[a] El requerimiento nutricional de se de estas especies se encuentra entre 0,25-0,38 mg/kg.
[b] mg/kg, valor total presente en la dieta. Se, µg/g materia seca.
[c] Se, µg/g materia seca.
[d] Ajo como fuente de selenio (Vinchira y Muñoz, 2010).

## LEGISLACION EN MÉXICO REFERENTE A ALIMENTOS Y COMPUESTOS FUNCIONALES

En México, no existe una definición de lo que es un alimento funcional en la legislación de salud, y no hay marco legal al respecto, ni para las sustancias manejadas como suplementos alimenticios que circulan en las distintas tiendas y farmacias de distribución para consumo humano (Gálvez, 2012) y tampoco existe para el consumo animal.

En Japón, existe una amplia variedad de alimentos específicos para determinados aspectos físicos, conocidos como FOSHU (Foods for Specific Health Use). De 1993 a la fecha, en Japón han aprobados 69 alimentos. En ese país se tiene plena confianza en los alimentos funcionales, ya que se validan científicamente y llevan una etiqueta que los avala. En Estados Unidos, la FDA a partir de 1993 regula los alimentos funcionales, cuyos componentes se han probado científicamente (ídem).

En México, la legislación de salud no considera a los alimentos funcionales ni a los nutracéuticos. Los alimentos funcionales son competencia de la NOM-086-SSA1-1994, que se encarga de regular los alimentos modificados en su composición. En ella se establece que sólo se permite utilizar ciertos términos:

Adicionado: cuando se han añadido nutrimentos contenidos o no normalmente en un producto.

Enriquecido: cuando se añaden una o varias vitaminas, minerales o proteínas en concentraciones superiores a las que tiene el alimento en forma natural.

Fortificado: cuando el producto normalmente no contiene tales componentes.

En materia animal, corresponde a la Ley Federal de Sanidad Animal, la vigilancia, regulación y control de los alimentos y compuestos funcionales; ya que tiene como objetivo fijar las bases para: el diagnóstico, prevención, control y erradicación de las enfermedades y plagas que afectan a los animales; procurar el bienestar animal; regular las buenas prácticas pecuarias aplicables en la producción primaria, en los establecimientos dedicados al procesamiento de bienes de origen animal para consumo humano, tales como rastros y unidades de sacrificio y en los establecimientos Tipo Inspección Federal; fomentar la certificación en establecimientos dedicados al sacrificio de animales y procesamiento de bienes de origen animal para consumo humano, coordinadamente con la Secretaría de Salud de acuerdo al ámbito de competencia de cada secretaría; regular los establecimientos, productos y el desarrollo de actividades de sanidad animal y prestación de servicios veterinarios; regular los productos químicos, farmacéuticos, biológicos y alimenticios para uso en animales o consumo por éstos. Sus disposiciones son de orden público e interés social (DOF, 2007 reformada en 2012).

Finalmente, debido a la creciente industria de los alimentos funcionales sería importante contar con un listado de alimentos y compuestos funcionales seguros y de calidad para nuestro país, tanto para el humano como para animales, que fueran observados, vigilados y regulados a través de las normas oficiales mexicanas de salud. Para el caso de la salud animal, las regulaciones podrían tener cabida en las siguientes:

NORMA Oficial Mexicana NOM-061-ZOO-1999. Especificaciones zoosanitarias de los productos alimenticios para consumo animal; que establece los requisitos y especificaciones zoosanitarias que deben cumplir los productos alimenticios terminados de consumo animal, para evitar que éstos se constituyan en un riesgo a la salud animal y humana (DOF, 2000).

NORMA Oficial Mexicana NOM-063-ZOO-1999. Especificaciones que deben cumplir los biológicos empleados en la prevención y control de enfermedades que afectan a los animales domésticos; que establece las especificaciones que deben cumplir los biológicos empleados en la prevención y control de enfermedades que afectan a los animales domésticos (DOF,2003).

Norma Oficial Mexicana NOM-064-ZOO-2000. Lineamientos para la clasificación y prescripción de productos farmacéuticos veterinarios por el nivel de riesgo de sus ingredientes activos; que establece los criterios técnicos y científicos para la clasificación, prescripción, comercialización y uso de los ingredientes activos empleados en la formulación de los productos farmacéuticos veterinarios por su nivel de riesgo, para evitar que éstos puedan ser nocivos a la salud animal, y su posible repercusión a la salud pública (DOF,2003).

NOM-024-ZOO-1995. Especificaciones y características zoosanitarias para el transporte de animales, sus productos y subproductos, productos químicos, farmacéuticos, biológicos y alimenticios para uso en animales o consumo por estos. Establece las especificaciones y características zoosanitarias para el transporte de animales, sus productos y subproductos, productos químicos, farmacéuticos, biológicos y alimenticios para uso en animales o consumo por éstos. Es aplicable a las empresas pecuarias industriales, mercantiles y de transportes de animales, sus productos y subproductos, productos químicos, farmacéuticos, biológicos y alimenticios para uso en animales o consumo por éstos (DOF, 1995).

NORMA OFICIAL MEXICANA NOM-025-ZOO-1995. Características y especificaciones zoosanitarias para las instalaciones, equipo y operación de establecimientos que fabriquen productos alimenticios para uso en animales o consumo por estos. Establece las características y especificaciones mínimas zoosanitarias para las instalaciones y equipo de los establecimientos que fabriquen productos alimenticios para uso en animales o consumo por éstos, con la finalidad de asegurar su calidad e inocuidad (DOF, 1995).

## CONCLUSIONES

Se ha revisado qué son los alimentos y compuestos funcionales, así como su efectos, sitios de acción y algunas fuentes. Las sustancias bioactivas, podrán ser los mejores aliados en la nutrición de tilapia, si se voltea a verlos y se encuentra la manera de incluirlos en las dietas en una forma orgánica y reduciendo costos, sería una forma de hacer acuicultura sustentable, rentable, y amigable con el ambiente.

El conocimiento de las sustancias químicas revisadas, representan un gran abanico de posibilidades, ya sea solas o combinadas, hacia una nueva forma de desarrollar alimentos, ya sea para tilapia u otras especies de interés para el hombre, que representan una estrategia de seguridad alimenticia. Innovar hoy, alimentos con las sustancias ya estudiadas nos permitirá avanzar en el control y manejo preventivo o de reducción de riesgos de enfermedades de las producciones animales que sostendrán nutricionalmente a las futuras generaciones.

Es importante determinar los beneficios y riesgos de la suplementación con compuestos funcionales en el sector acuícola, así como para establecer con claridad los recursos alimenticios funcionales disponibles y generar las normas que reglamenten la producción segura de alimentos funcionales. Por lo anterior, queda abierta la invitación para recopilar información sobre el efecto de dietas funcionales en el crecimiento y salud, la influencia bioquímica en el sistema digestivo (cambios de actividad enzimática, status antioxidante o metabolismo hepático) y cantidades o concentraciones probadas, efectos y reacciones secundarias para compartir con la comunidad de innovaciones alimenticias.

## AGRADECIMIENTOS

A la Dra. Adriana Llorente Bousquet de la Unidad de Investigación de la Facultad de Estudios Superiores de Cuautitlán por sus valiosas recomendaciones y sugerencias que hicieron posible esta aportación.

## BIBLIOGRAFÍA

Abdel-Tawwab M., Mousa M., Abbass F.E. 2007. Growth performance and physiological response of african catfish, Clarias gariepinus (B.) fed organic selenium prior to the exposure to environmental copper toxicity. Aquaculture; 272: 335-45.

Acevedo F.J., Angeles Ch.J, Rivera H.M., Petricevich L.V., Nolasco Q. N., Collí M. D. y Santa-Olalla T.J. 2013. Modelos in vitro para la evaluación y caracterización de péptidos bioactivos. En Segura C. M., Chel G. L. and Betancur A.D. (Eds.), Bioactividad de péptidos derivados de proteínas alimentarias. Barcelona: OmniaScience 29- 82.

Alaye Rahy N. y Morales-Palacios J. 2013. Parámetros hematológicos y células sanguíneas de organismos juveniles del pescado blanco (Chirostoma estor estor) cultivados en Pátzcuaro, Michoacán. México. Hidrobiológica, 23(3):340-347.

Alasalvar C. and Taylor Y. (eds). 2002. Seafoods Quality Technology and Nutraceutical Applications. Springer-Verlag, Heidelberg, Germany, 508 pages. Cengiz, E. I., Unlu, E., and

Arteel G.E. The biochemistry of selenium and the glutathione system. Environ Toxicol Pharmacol 10: 153-8.

Bagni M., Romano N., Finoia M.G., Abelli L., Scapigliati G., Tiscar PG. 2005. Short- and long-term effects of a dietary yeast beta-glucan (Macrogard) and alginic acid (Ergosan) preparation on immune response in sea bass (Dicentrarchus labrax). Fish Shellfish Immunol. 18(31): 1-25.

Balakrishna Aparna. 2013. In vitro evaluation of adhesion and aggregation abilities of four potential probiotic strains isolated from guppy (Poecilia reticulata) Braz. arch. biol. technol. 56 (5): 681–692.

Balakrishna A. and Keerthi TR. 2012. Screening of potential aquatic probiotics from the major microflora of guppies (Poecilia reticulata). Front Chem Sci Eng., 6 (2):163-173.

Balakrishna A. and Kumar NA. 2012. Preliminary studies on siderophore production and probiotic effect of bacteria associated with the Guppy, Poecilia reticulata Peters, 1859. Asian Fish Sci.; 25 (2):193-205.

Bashan, M. 2003. The effect of dietary fatty acids on the fatty acid composition in the phospholipids fraction of Gambusia affinis. Turkish Journal of Biology, 27, 145–148

Beck MA. 2007. Selenium and vitamin E status: impact on viral pathogenicity. J Nutr. 137, 1338-40.

Benjama O. y Masniyom P. 2011. Nutritional composition and physicochemical properties of two green seaweeds (Ulva pertusa and U. intestinalis) from the Pattani Bay in Southern Thailand. Songklanakarin J. Sci. Technol. 33 (5), 575-583 pp.

Bosscher D., Van Loo J., Franck A. 2006. Inulin and oligofructose as functional ingredients to improve bone mineralization. International Dairy Journal 16, 1092–1097.

Briones-Escobar L., Olvera Novoa A., Puerto-Carrillo C. 2006. Avances sobre la ecología microbiana del tracto digestivo de la tilapia y sus potenciales implicaciones. En editores: L. Elizabeth Cruz; Denis Ricque M., Mireya Tapia S., Martha G. Nieto., López David., Villareal Cabazos., Ana C. Puello Cruz y Armando García O. Avances en Nutrición Acuícola VIII. VIII Simposium Internacional de Nutrición Acuícola. Universidad Autónoma de Nvo. León Monterrey, México. ISBN 970-694-333-5

Brogden G., von Kockritz-Blickwede M., Adamek M., Reuner F., Jung-Schroers V., Naim H.Y. 2012. [sz]-Glucan protects neutrophil extracellular traps against degradation by Aeromonas hydrophila in carp (Cyprinus carpio ). Fish Shellfish Immunol. 33:1060-1064.

Burr G., Gatlin D. III., and S. Ricke. 2005. Microbial ecology of the gastrointestinal tract of fish and the potential application of prebiotics and probiotic in fin fish aquaculture. Journal of the World Aquaculture society 36(4): 425-436.

Chasquibol N.S., Lengua L.C., Delmás I., Rivera D.C., Bazán D., Aguirre, M.R., Bravo, A.M. 2003. Alimentos Funcionales o Fitoquímicos, Clasificación e Importancia. Rev.Per. Quim. Ing. Quim. Vol.5. No.2, 9-21 p.

Cengiz E. I., Unlu E. and Bashan M. 2003. The effect of dietary fatty acids on thefatty acid composition in the phospholipids fraction of Gambusia affinis. Turkish Journal of Biology 27, 145–148.

Cerezuela-Cabrera R. 2012. Nuevos probióticos y prebióticos para dorada (Sparus aurata l). Universidad de Murcia. España. Tesis doctoral.

Cert, A.; Pérez-Camino, M.C.; Moreda, W. 2002. Estudio de nuevos parámetros para la detección de aceites de avellana y de orujo de oliva en aceites de oliva virgen y refinado. Jornadas Técnicas del Aceite de Oliva. Madrid, España.

Choct M., 2009. Managing gut health through nutrition. British Poultry Science 50, 9–15.

Church D., Pond W., Pond K. 2004. Fundamentos de nutrición y alimentación de animales. 2 ed. México D.F: Limusa.

CONAPESCA (Comisión Nacional de Acuicultura y Pesca). Anuario Estadístico 2011. SAGARPA, México. 311 p.

Cook M.T., Hayball P.J., Hutchison W., Nowak B., Hayball J.D. 2001. The efficacy of a commercial beta-glucan preparation, EcoActiva, on stimulating respiratory burst activity of head-kidney macrophages from pink snapper (Pagrus auratus), Sparidae. Fish Shellfish Immunol. 11: 661-72.

Decamp O. and Moriarty D., 2006. Probiotics as alternative to antimicrobials: limitations and potential. Journal of the World Aquaculture Society 37, 60–62.

Diaz -Przybylska D.A., Schmidt J.G., Vera-Jimenez N.I., Steinhagen D., Nielsen M.E. 2013. Glucan enriched bath directly stimulates the wound healing process in common carp challenged in situ with Mycobacterium marinum. Aquaculture. 248: 197–205.

Dimitroglou A., Merrifield D.L., Carnevali O., Picchietti S., Avella M., Daniels C., Güroy D., Davies S.J. 2011. Microbial manipulations to improve fish health and production – a Mediterranean perspective. Fish and Shellfish Immunology 30: 1–16.

DOF (Diario Oficial de la Federación).1995. NOM-024 y NOM-025-ZOO-1995 (NORMA OFICIAL MEXICANA). Servicio Nacional de Sanidad, Inocuidad y Calidad Agroalimentaria.

DOF. 2000. NOM-061-ZOO-1999. Servicio Nacional de Sanidad, Inocuidad y Calidad Agroalimentaria.

DOF.2003. NOM-063 y NOM-064-ZOO-2000. Servicio Nacional de Sanidad, Inocuidad y Calidad Agroalimentaria.

DOF. 2010. NOM-086-SSA1-1994 con modificaciones en los numerales 2,7,16.

FAO, 2001. Health and nutritional properties of probiotics in food including powder milk with live lactic acid bacteria. World Health Organization, Cordoba, Argentina.

FAO (Organización de las Naciones Unidas para la Alimentación y la Agricultura). 2012. El Estado actual de la pesca y la acuicultura. Roma, Italia. 239 p.

Fuller, R., 1989. Probiotics in man and animals. The Journal of Applied Bacteriology 66, 365–378.

Gaggìa F., Mattarelli P., Biavati B. 2010. Probiotics and prebiotics in animal feeding for safe food production. International Journal of Food Microbiology 141S: 15–28.

Gálvez Mariscal Amanda. 2012. Boletín UNAM-DGCS-528. Ciudad Universitaria. Revisado en http://www.dgcs.unam.mx/boletin/bdboletin/2012_528.html.

Gatlin D.M. and Wilson R. 1984. Dietary selenium requirement of Fingerling Channel Catfish. J. Nutr. 114: 627-33.

Gatlin III D.M., Li P., Wang X., Burr GS., Castille F. and Lawrence L.A. 2006. Potential application of prebiotics in aquaculture. In: Cruz E, D Ricque, M Tapia, MG Nieto, DA Villarreal, AC Puello & A García (eds). Avances en nutrición acuícola VIII. VIII Simposium I de Nutrición Acuícola, pp. 371-376. Universidad Autónoma de Nuevo León, Monterrey.

Gormley T.R. 2006. Fish as a functional food. Food Science and Technology. 20 (3): 25-28.

Govind P., Madhuri S. yand Mandloi A.K. 2012. Immunoestimulant effect of medicinal plants on fish. International Research Journal of Pharmacy 3(3): 112-114.

Grootaert C., Delcour J.A., Courtin C.M., Broekaert W.F., Verstraete W., Van de Wiele T., 2007. Microbial metabolism and prebiotic potency of arabinoxylan oligosaccharides in the human intestine. Trends in Food Science and Technology 18, 64–71.

Hasler C.M., Brown A.C., American Dietetic Association. 2009. Position of the American Dietetic Association: functional foods. J. Am Diet Assoc. 109(4): 735- 746.

Havenaar, R., Huis int'Veld, J., 1992. Probiotics: a general view., in: Wood, B. (Ed.), The Lactic Acid Bacteria in Health and Disease. Chapman & Hall, New York, pp. 209–224.

Hernández-Sánchez Fabiola y Aguilera-Morales Martha Elena. 2012. Nutritional Richness and Importance of the Consumption of Tilapia in the Papaloapan Region (Riqueza nutricional e importancia del consumo de la mojarra tilapia en la región del Papaloapan). REDVET - Revista electrónica de Veterinaria - ISSN 1695-7504, 12p.

Heikkinen J., Vielma J., Kemilainen O., Tiirola M., Eskelinen P., Kiuru T., Navia-Paldanius D. and von Wright A. 2006. Effects of soybean meal based diet on growth performance, gut histopathology and intestinal microbiota of juvenile rainbow trout (Oncorhynchus mykiss). Aquaculture 261:259–268.

Herrera C., Betancur A. D. y Segura C.M. 2014. Compuestos bioactivos de la dieta con potencial en la prevención de patologías relacionadas con sobrepeso y obesidad; péptidos biológicamente activos. Nutr. Hosp. 2014; 29(1):10-20 ISSN 0212-1611 • CODEN NUHOEQ

Hibbeln J., Nieminen L., Blasbalg T., Riggs J. and Lands W. 2006. Healthy intakes of n-3 and n-6 fatty acids: estimations considering worldwide diversity. Am J. Clin. Nutr. 83: 1483-1493.

Hilton J.W., Hodson P.V. and Slinger S.J. 1980. The requirement and toxicity of selenium in rainbow trout (*Salmo gairdneri*). J. Nutr. 110: 2527-35.

Illanes A. 2015. Alimentos funcionales y biotecnología. Rev. Colombiana de Biotecnología 7(1):5-8.

INFOFISH/FAO. 2010. "ORGANIC" AQUACULTURE PROJECT INFOFISH/FAO/CFC. Disponible en: http://www.infofish.org/wp-content/uploads/country-profile-thailand-03-2013.pdf

Isolauri E., Sütas Y., Kankaapää P., Arvilonmmi H. and Salminen S. 2001. Probiotics: Effects on inmmunity. American Journal of Clinical Nutrition 73:444S - 450S.

Ito K. and Hori K. 1989. Seaweed; chemical composition and potential food uses. Food Review International 5:101–144.

Jaramillo F., Peng L., Gatlin D.M. 2008. Selenium nutrition of hybrid striped bass (*Morone chrysops* x *M. saxatilis*) bioavailability, toxicity and interaction with vitamin E. Aquacult. Nutr. 1-6

Jiménez H. B y Carpio D.A. 2008. La cata de aceites: aceite de oliva virgen, características organolépticas y análisis sensorial. Junta de Andalucía. Instituto de Investigación y Formación Agraria y Pesquera, Consejería de Agricultura y Pesca. Sevilla. 134 p.

Jorgensen J.B., Sharp G.J., Secombes C.J. and Robertsen B. 1993. Effects of a yeast-cell-wall glucan on the bactericidal activity of rainbow trout macropages. Fish Shellfish Immunol. 3: 267-77.

Junco Sara y Villaño Débora. 2010. Hidrolizados de proteínas alimentarias como antivirales para peces de acuicultura. Folleto del Consejo Superior de Investigaciones Cientificas (CSIC).

Juniper D.T., Phipps R.H., Jones A.K. and Bertin G. 2006. Selenium supplementation of lactating dairy cows: effect on selenium concentration in blood, milk, urine, and feces. J. Dairy Sci. 89: 3544-51.

Kaiya H., Miura T., Matsuda K., Miyazato M., abd Kangawa K. 2010. Functional growth hormone secretagogue receptor (ghrelin receptor) type 1a and 2a in goldfish, *Carassius auratus*. Mol Cell Endocrinol.; 327 (1-2):25-39.

Kalita P., Mukhopadhyay P. K. and Mukherjee A. K. 2007. Evaluation of the nutritional quality of four unexplored aquatic weeds from North-East India for the formulation of cost-effective fish feeds. Food Chemistry. 103: 204–209.

Kalita P., Mukhopadhyay P. K. and Mukherjee A. K. 2008. Supplementation of four non-conventional aquatic weeds to the basal diet of *Catla catla* (Ham.) and *Cirrhinus mrigala*

(Ham.) fingerlings: Effect on growth, protein utilization and body composition of fish. Acta Ichthyologica et. Piscatoria. 38: 21–27.

Kelly, G., 2009. Inulin-type prebiotics: a review (Part 2). Alternative Medicine Review 14, 36–55.

Kesarcodi W. A., Kaspar H., Lategan M.J. and Gibson L. Probiotics in aquaculture: the need principles and mechanisms of action and screening processes. Aquaculture. 2008: 274: 1-14.

Kiron V. 2012. Fish immune system and its nutritional modulation for preventive health care. Animal Feed Science and Technology 173: 111–133.

Klahan R., Areechon N., Yoonpundh R. and Engkagul A. 2009. Characterizacion and activity of digestive enzymes in different sizes of Nile Tilapia (Oreochromis niloticus L.). Kasetsart J. (Nat. Sci.) 43:143-153

Knowles S.O., Grace N.D., Wurms K. and Lee J. 1999. Significance of amount and form of dietary selenium on blood, milk, and casein selenium concentrations in grazing cows. J. Dairy Sci. 82: 429-37.

Küçükbay F.Z., Yazlak H., Karaca I., Sahin N., Tuzcu M. and Cakmak M.N. 2009. The effects of dietary organic or inorganic selenium in rainbow trout (Oncorhynchus mykiss) under crowding conditions. Aquacult Nutr. 1-8.

Lizcano R. A.J. y Vergara G.J. 2008. Evaluación de la actividad microbiana de los extractos etanólicos y/o aceites esenciales de las especies vegetales frente a patógenos y fitopatógenos. Ponteficia Universidad Javeriana. Facultad de Ciencias. Carrera microbiología industrial. Bogotá Colombia. 31p.

Liu E.Q. 2011. Separation and Purification of black soybean peptide and its hypolipidemic effect in mice. Food Sci. 32 (19):248-52.

Manning T.S. and Gibson G.R. 2004. Microbial-gut interactions in health and disease. Prebiotics. Best Practice and Research. Clinical Gastroenterology 18, 287–298.

Marrufo-Estrada D.M., Segura-Campos M.R., Chel-Guerrero L.A., Betancur-Ancona D.A. 2013. Defatted *Jatropha curcas* flour and protein isolate as materials for protein hydrolysates with biological activity. Food Chem. 138: 77-83.

Martínez R., Estrada M.P., Ubieta K., Herrera F., Forellat A., Gil L., Morales R., Aymee O., De la Nuez A., Rodriguez R., Reyes O., González S. y Borroto C. 2013. Biological activity *in vitro* and *in vivo* of an in silico designed secretagogue peptide to be used in fish. Biotecnol. Apl. 30(4): 319-322.

Mehrabi, Z., Firouzbakhsh, F., Jafarpour, A., 2012. Effects of dietary supplementation of synbiotic on growth performance, serum biochemical parameters and carcass composition in rainbow trout (*Oncorhynchus mykiss*) fingerlings. Journal of Animal Physiology and Animal Nutrition 96, 474–481.

Merrifield D.L., Harper G.M., Dimitroglou A., Ringo E. and Davies S.J. 2010. Possible influence of probiotic adhesion to intestinal mucosa on the activity and morphology of rainbow trout (*Oncorhynchus mykiss*) enterocytes. Aquaculture Research 41: 1268–1272.

Moyano López Francisco Javier. 2006. Bioquímica digestiva en especies acuicultivadas: Aplicaciones en Nutrición. Editores L. Elizabeth Cruz Suárez, Denis Ricque Marie, Mireya Tapia Salazar, Martha G. Nieto López, David A. Villarreal Carvazos, Ana C. Puello Cruz y Armando García Ortega. Avances en Nutrición Acuicola VIII. VIII Simposium Internacional de Nutrición Acuícola. Universidad Autónoma de Nuevo León. 396-408 pp.

Mukherjee A.K, Kalita P., Unni B.G, Wann S.B., Saikia D. and Mukhopadhyay P.K. 2010. Fatty acid composition of four potential aquatic weeds and their posible use as fish-feed neutraceuticals. Food Chemistry 123: 1252–1254.

Nasopoulou C., Stamatakis G., Demopoulos C. and Zabetakis. 2011. Effects of olive pomace and olive pomace oil on growth performance, fatty acid composition and cardio protective properties of gilthead sea bream (*Sparus aurata*) and sea bass (*Dicentrarchus labrax*). 129 (3): 1108-1113.

Nasopoulou C., Gogaki V., Stamatakis G., Papaharisis L., Demopoulos C.A., and Zabetakis I. 2013. Evaluation of the in Vitro Anti-Atherogenic Properties of Lipid Fractions of Olive Pomace, Olive Pomace Enriched Fish Feed and Gilthead Sea Bream (*Sparus aurata*) Fed with Olive Pomace Enriched Fish Feed. Mar. Drugs 11(10): 3676-3688.

Nayak S.K., 2010. Probiotics and immunity: a fish perspective. Fish and Shellfish Immunology 29: 2–14.

Novoa T.D. y Hurtado N.V. 2012. Requerimientos nutricionales para Tilapia del Nilo (*Oreochromis niloticus*). Artículo de revisión. Orinoquia Universidad de los Llanos-Villavicencio, Meta. 16(1): 63-68.

Olmedilla A.B. y Granado L.F. 2008. Componentes bioactivos. en Alimentos Funcionales. Aproximación a una Nueva Alimentación. Dirección general de salud pública y alimentación. 170-93.

O'Sullivan, L., Murphy, B., McLoughlin, P., Duggan, P., Lawlor, P.G., Hughes, H., Gardiner, G.E., 2010. Prebiotics from marine macroalgae for human and animal health applications. Marine Drugs 8, 2038–2064.

Parker R., 1974. Probiotics, the other half of the antibiotic story. Animal Nutrition Health 29, 4–8.

Partida Arangure B. O. 2009. Efecto de prebióticos y microorganismos con potencial probiótico en el crecimiento, supervivencia y sistema inmune del camarón blanco Litopenaeus vannamei cultivado en condiciones experimentales. Tesis de Maestría en Recursos Naturales y Medio Ambiente. IPNCIIDIR.Guasave, Sinaloa, México.

Pedrero Z. y Madrid Y. 2009. Novel approaches for selenium speciation in foodstuffs and biological specimens: A review. Anal Chim. Acta. 634: 135-52.

Peso-Echarri P., Frontela-Saseta C., González-Bermúdez C.A., Ros-Berruezo G.F. y Martínez-Graciá C. 2012. Polisacáridos de algas como ingredientes funcionales en acuicultura marina: alginato, carragenato y ulvano. Revista de Biología Marina y Oceanografía 47(3):373-381. DOI 10.4067/S0718-19572012000300001

Pionnier N., Falco A., Miest J., Frost P., Imazarow I., and Shrive A. 2013. Dietary [sz]-glucan stimulates complement and C-reactive protein acute phase responses in common carp (*Cyprinus carpio*) during an Aeromonas salmonidica infection. Fish Shellfish Immunol;34:819-31.

Rayman M.P. 2008. Food-chain selenium and human health: emphasis on intake. Br J Nutr. 100: 254-68.

Restrepo V.T., Díaz G.G. y Clemencia P.S. 2012. Peces dulceacuícolas como alimento funcional: perfil de ácidos grasos en tilapia y bocachico criados en policultivo. Biotecnología en el Sector Agropecuario y Agroindustrial 10(2):44-53.

Roberfroid M. 2007. Prebiotics: The concept revisited. J. Nutr. 137: 830S-837S.

Rodriguez-Estrada, U., Satoh, S., Haga, Y., Fushimi, H., Sweetman, J., 2009. Effects of single and combined supplementation of Enterococcus faecalis, mannanoligosaccharide and polyhydrobutyric acid on growth performance and immune response of rainbow trout Oncorhynchus mykiss. Aquaculture Science 57, 609–617.

Salas G.R., Romero C.O., Valdivié N.M. y Ponce-Palafox, J.T. 2014. Los productos y subproductos vegetales, animales y agroindustriales: Una alternativa para la alimentación de la tilapia. Revista Bio Ciencias 2(4): 240-251.

Salminen, S., Isolauri, E., Salminen, E., 1996. Clinical uses of probiotics for stabilizing the gut mucosal barrier: successful strains and future challenges. Antonie van Leeuwenhoek 70, 347–358.

Salzman, N.H., Ghosh, D., Huttner, K.M., Paterson, Y., Bevins, C.L., 2003. Protection against enteric salmonellosis in transgenic mice expressing a human intestinal defensin. Nature 422, 522–526.

Schram E., Pedrero Z., Cámara C., van der Heul J.W. and Luten J.B. 2008. Enrichment of african catfish with functional selenium originating from garlic. Aquacult Res. 39: 850-60.

Seifert, S., Watzl, B., 2007. Inulin and oligofructose: review of experimental data on immune modulation. The Journal of Nutrition 137, 2563S–2567S

Selvaraj V., Sampath K. and Sekar V. 2005. Administration of yeast glucan enhances survival and some non-specific and specific immune parameters in carp (Cyprinus carpio) infected with Aeromonas hydrophila. Fish Shellfish Immunol. 9: 293-306.

Swick R.A. 2001. Feed based Tilapia culture. ASA Technical Bulletin VoL., AQ49-2001. 10 p.

Tacón A.G., Hasan M.R. and Subasinghe R.P. 2006. Use of fishery resources as feed inputs for aquaculture development: trends and policy implications. FAO Fisheries Circular No. 1018, Rome, FAO. 99 pp.

Torres J. M., Flores E. M. de L. y Luna M. J. 2007. El Sector pesquero en México. Financiera Rural. México. 45 p.

Vásquez-Piñeros M.A., Rondón-Barragan L.S., Eslava-Mocha P.R. 2012. Immunostimulants in teleost fish: probiotics, β-glucans and Lipopolysaccharides. ORINOQUIA, Universidad de los Llanos Villavicencio, Meta. Colombia 16 (1): 46-62.

Valenzuela B.A. y Sanhueza C. J. 2009. Aceites de origen marino; su importancia en la nutrición y en la ciencia de alimentos. Revista Chilena de Nutrición, 36 (3): 246-257.

Vetvicka Vaclav., Luca Vannucci and Petr Sima. 2013. "The effects of (beta)-glucan on fish immunity." North American Journal of Medical Sciences 5.10: 580.

Vinchira J.E. y Muñoz R. 2010. Selenio: nutriente objetivo para mejorar la composición nutricional del pescado cultivado. Open Journal Systems of immunostimulants. J. Fish Dis. 18: 195–198.

Vine N.G., W.D. Leukes and H. Kaiser. 2006. Probiotic in marine larviculture. FEMS Microbiol. Rev., 30:404-427.

Vioque J., Pedroche J., Yust M., Lqari M., Megías C., Girón C. J., Alaiz M. and Millan F. 2006. Bioactive peptides in storage plants proteins. Braz J. Food Technol. 99-102.

Vulevic, J., Rastall, R.A., Gibson, G.R., 2004. Developing a quantitative approach for determining the in vitro prebiotic potential of dietary oligosaccharides. FEMS Microbiology Letters 236, 153–159.

Wang C. and Lovell R.T. 1997. Organic selenium sources, selenomethionine and selenoyeast, have higher bioavailability than an inorganic selenium source, sodium selenite, in diets for channel catfish (*Ictalurus punctatus*). Aquaculture. 152: 223-34.

Watanabe T., Kiron V. and Satoh S. 1997. Trace Minerals in fish nutrition. Aquaculture 151: 185-207.

Zhou Qi-Cun., Buentello J. A. and Gatlin III D. M. 2010. Effects of dietary prebiotics on growth performance, immune response and intestinal morphology of red drum (*Sciaenops ocellatus*). Aquaculture 309: 253–257.

# Índice

Printed by Books on Demand GmbH, Norderstedt / Germany